花园时光编辑部 编

中国林业出版社
China Forestry Publishing House

花园时光编辑部 编

总 策 划 | 花也文化工作室

执行主编 | 雪 洁

责任编辑 | 印 芳 邹 爱

中国林业出版社·风景园林分社

出版 | 中国林业出版社

（100009 北京西城区刘海胡同 7 号）

电话 | 010-83143571

发行 | 中国林业出版社

印刷 | 固安县京平诚乾印刷有限公司

版次 | 2019 年 7 月第 1 版

印次 | 2019 年 7 月第 1 次印刷

开本 | 710mm×1000mm 1/16

印张 | 9

字数 | 180 千字

定价 | 48.00 元

图书在版编目（CIP）数据

花园美食沙龙 / 花园时光编辑部编 . -- 北京：中国林业出版社，2019.6

ISBN 978-7-5219-0115-3

Ⅰ . ①花… Ⅱ . ①花… Ⅲ . ①烹饪－基本知识 Ⅳ . ① TS972.11

中国版本图书馆 CIP 数据核字 (2019) 第 126595 号

派对花园

　　开在花园里的派对，总会分外欢乐，杯光烛影，花香飘扬，如梦似幻，还有什么比穿行在自己亲手播种的美丽之间，和朋友们一起感受亲手创造的美好更幸福的事呢？

　　那大概就是不仅花亲自种，连端上的小食、食材也都来自花园。巧手烹饪后的一盘盘精致的小点，美貌的沙拉、清新的蛋糕、回味无穷的香茶……健康天然，真的是将花园的美好发挥到了极致。

　　我们的花园不仅赏心悦目，而且可以开发出无数美味呢。从古至今各种与花相关的美好事物一直长盛不衰，代代人心口相传，继承美好，也不断创新。除了享用大自然给予我们的天然馈赠，还创造出了与花和植物更多相处的方式：美食、手作、插花……

　　有一句很傲娇的话叫做 "你有钱买不到"，绝对适用于花园里亲自劳作，亲手创造美食、美物的场合，这就是独一无二的私人定制啊！

　　我们精选了《花也》历年来的稿件，整合出这样几本书，诚意满满，奉献给爱花爱生活的你，愿你也能从中吸收到满满的花园能量、自然能量！

编者

2019 年 6 月

Contents 录

《蓝莓纸杯蛋糕》《薄荷炸天妇罗》《百里香烤鸭胸肉》
王梓天
园艺梦想家，园艺作家。著有《小阳台大园艺》《阳台蔬菜园艺》《FUN 心玩香草》《香草系生活》。

《玫瑰鲜花饼》《雪梨水晶桂花糕》《玫瑰红茶》《玫瑰糖浆》《玫瑰酱》《玫瑰色粉》
敏敏
一个热爱生活，热爱手作，热爱美食的园艺爱好者！坚持打造一座生态可持续花园，缔造花园里的食物森林！

《吐司》《草莓奶油蛋糕》《梅子酱》
rose
设计公司文员；喜欢旅游、瑜伽、摄影、热爱烘焙、烹饪、爱园艺，养花种草，爱一切美好的事物。

《柠檬裱花蛋糕》
Halo
一个大学刚毕业，守着一座大院种花、种菜，做着奶奶教的点心，却偏又爱上了韩式裱花的娇情男生。

《花糕》
花糕娘娘
民族传统文化传播者
花糕娘娘创始人

《桂花糯米藕》
任芸丽
美食作家《食盐 Salt》总编 微博故事红人 头条文章作者

《迷迭香茶》《迷迭香橄榄油》《迷迭香鸡蛋煎朝排》《迷迭香香薰》
半夏
空间设计师、园艺达人、自然创意手工达人

《青梅酒 1》
景素
J.sue。现居重庆，独立摄影师，茶生活馆主理人

《琉璃苣茶》《水果木槿花茶》《杨梅酒》
玛格丽特 - 颜
园艺文化品牌"花也"创始人及《花也 IFIORI》主编；新浪微博拥有近百万粉丝；知名的园艺博主、摄影博主、园艺专栏作家。

《青梅酒 2》
磨菇厨房
爱生活、爱摄影、爱烹饪和手作的平面设计师，喜欢用相机记录生活中的小确幸。

《自酿黑啤》
邹毅
一名爱好摄影、爱好酿酒的通信工程师

《腌荔枝》《荔枝酒》
花花女
福建农林大学园林植物在读研究生，喜欢四季里的植物、三餐与文字。

《水果环保酵素》
露台春秋
一个家庭主妇，经营一方
小露台已有十年，春种秋
收，自得其乐。

《水果环保酵素》
奈奈与七
园艺作家，花园植物手绘
者
2018 年手绘著作《铁线莲
12 月栽培计划》

《水果环保酵素》
惹香
自由职业，插画师，手作
爱好者。

《苹果凤梨乳酪沙拉》
杜祖瑞
搜狐美食博主，搜狐美厨
学院导师。
2011 在搜狐和新浪同时开
设个人美食博客"傻妞爱
厨房"。

《芒果草莓沙拉》《槐花
炒蛋》
王王木木 Leanne
公共营养师（三级）
微博 vlog 美食博主
新故文化创始人

《法式香草荷花沙拉》
潇洒姐
《喜悦花园》主编，被粉丝
们誉为"沙拉女王"，
创办了潇洒姐轻食课堂，
积极推崇健康轻食主义。

《植蔷玫瑰酱》
刘颜辉
植蔷实验室创始人
锦江熊猫空中花园创始人

《桂花糖》
**孙群（齐天小圣
SUNKOKO）**
中国节气博物科普微信公
号《物候记》创始人。
《中华文化画报》《花卉》
《花也》等多家杂志、报
纸撰稿人。

《菠萝果酱》
姜花阿姨
喜欢手工、烹饪、拍照、
旅游……照顾小朋友的同
时开了一家手工网店，没
事也会给一些杂志写些有
关手工或者美食的教程。

《桑椹果酱》《杏酱》
夏茉
曾为多家杂志撰写美食、
手工等稿件，并多次受邀
到日本、韩国、澳大利亚
等国家交流美食、旅游等，
出版图书有《好学易做东
北菜》。

《蓝莓果酱》
石笋鸟（张少华）
虹越花卉总部苗圃经理。
南昌大学植物学专业，熟
悉各种花园植物，尤其是
家庭果树的养护及应用。

甜点 × 糕点

蓝莓纸杯蛋糕

蓝莓是很多人都喜欢的可爱小浆果。如果你对园艺感兴趣，不妨可以自己在家种上一两棵蓝莓。推荐种植的理由很简单：它好种、不娇气，几乎没有病虫害，而且蓝莓属于小灌木，所以即便是一个小小的阳台也可以种植的，且不用担心它会长得太高。每年的5~7月是蓝莓陆续成熟的季节，具体成熟时间根据所种植品种和南北方地域差异而决定。

通常蓝莓会当水果直接食用，还可以用来做果酱来当做美食的点缀。

材料准备

新鲜蓝莓 100g、酸奶 100g、细砂糖 30g、黄油 50g、鸡蛋 1 个、面粉 100g、泡打粉一小勺（5ml）、蓝莓酱 2 大勺（可不加）、糖粉（装饰用，可不加）。

蓝莓纸杯蛋糕特点

在这个蛋糕中最大的美味莫过于里面整颗的蓝莓，经过烘烤后的蓝莓已经由原来的蓝色变成了紫红色，这是蓝莓中的花青素产生的魔术般色彩的变化。整个制作过程大约25~35分钟，简单轻松，推荐新手尝试。

1. 把黄油从冰箱里取出来回温后打发。

2. 打 1 个鸡蛋，加入细砂糖，搅拌均匀。

3. 把搅拌均匀的鸡蛋液分 3 次倒入黄油中，每次与黄油混合充分打发后再倒入新的鸡蛋液（这是为了把空气带入其中，是蛋糕松软的关键）。

4. 然后把面粉和泡打粉过筛加入。

5. 再倒入酸奶，翻搅（此处可加入或者不加蓝莓酱，视个人口味而定）上下翻搅均匀。

6. 倒入新鲜的蓝莓，稍加搅拌。

7. 把完成的蛋糕糊倒入准备好的纸杯模具中。

8. 放一些蓝莓在蛋糕糊表面做点缀，烤箱170℃提前10分钟预热，再加热20分钟后蛋糕出炉。

派对闪亮指数：☆ ☆ ☆
操作难易指数：☆ ☆

吐司

某天，在一本书上看到这句话：“如果你能静下心来烤 1 个面包或者做 1 个蛋糕，那么你将是世界上最富有的人。”看着面糊慢慢从模具里爬起来，随之满屋飘香，幸福感爆棚；烘焙的过程，心也会变得很平静。

材料准备

高粉 200g、低粉 50g、糖 43g、酵母 3g、奶粉 10g、盐 3g、鸡蛋 32g、牛奶 38g、炼乳 16g、水 75g、黄油 30g、450g 吐司盒 1 只。

015

制作过程

1. 除黄油外所有材料丢入面包机，揉至光滑且能拉出半透明的丝，再将黄油加入揉至扩展阶段。
2. 取出，将面团放在温暖处进行第一次发酵（28℃约1个小时，发至2倍大）。
3. 之后进行排气滚圆，分成3等份，盖上保鲜膜，松弛20分钟左右。
4. 擀成椭圆形继续松弛20分钟；擀成2.5cm左右的圈，放入吐司盒，盖上保鲜膜，放置温暖处进行最后一次发酵（38℃左右，70%湿度）。
5. 发酵至9分满时，入180℃烤箱，烤30分钟。

派对闪亮指数：☆ ☆ ☆ ☆ ☆
操作难易指数：☆ ☆ ☆ ☆

草莓奶油蛋糕

草莓和蛋糕是绝配，不仅味道上配，颜色上也绝对搭配，可以说是一款入门级蛋糕。虽然入门，但并不简单，亲手做出来也是惊喜满满，出现在派对上也同样大受欢迎呢。

材料准备

全蛋 150g、细砂糖 95g、糖浆 6g、低筋面粉 100g、黄油 25g、牛奶 40g、鲜奶油 380g、细砂糖 20g、草莓若干。

表面刷的糖浆：
水 60g、细砂糖 20g、樱桃酒 18g。

制作过程

1. 隔温水加热糖浆，打发全蛋和砂糖（隔温水，鸡蛋保温至 40℃ 左右）。

2. 将上述材料搅拌均匀，电动打蛋器高速打发 4 分半钟左右，开低速继续打发 2~3 分钟。

3. 用刮刀器搅拌均匀后加入筛好的面粉，搅拌均匀，之后加入隔水融化的黄油牛奶，顺着刮刀流入盆中，再用刮刀搅拌 100 次左右。

4. 入烤箱 160℃，30 分钟左右，出炉连模具从离桌面 15cm 处向下摔，之后倒扣、晾凉、脱模。

5. 锅中加水、砂糖，煮开后加入樱桃酒。

6. 打发鲜奶油至 7 成发泡状态。

7. 蛋糕体平分为 3 片，刷上糖浆、抹上奶油、铺上草莓，继续抹奶油，慢慢抹平。

派对闪亮指数：☆☆☆☆☆
操作难易指数：☆☆☆☆

花糕

世间有这样一种糕点，它的颜值不逊色于日本的和果子，味道软糯香甜，是家宴团聚和茶会的上上之品。它就是产自我国朝鲜族的传统吃食花糕。

材料准备

大米面 750g、红豆馅 250g、橄榄油 / 亚麻籽油 10ml、蜂蜜 5ml、开水 / 矿泉水 150ml、纯天然手工盐。

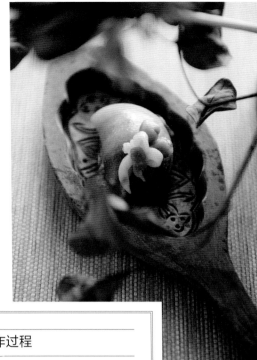

制作过程

1. 和面：在面中加入准备好的水，顺时针搅拌均匀（根据喜好可以加入盐或者糖）。
2. 蒸面：蒸 20 分钟后熄火，焖 5 分钟，拿出来再和 3 分钟。
3. 上色：根据喜好加入各种纯天然食材色素。
4. 和馅：将蜂蜜加入红豆馅中，捏成自己喜好的形状大小。
5. 花样：根据喜好，利用模具做出自己喜欢的样式。

小贴士

　　花糕制作完成后最好在3小时以内品尝口感最佳。花糕的保质期为常温8~12小时；
冷藏一天；冷冻一星期，解冻后蒸3分钟即可食用。

派对闪亮指数：☆ ☆ ☆ ☆ ☆
操作难易指数：☆ ☆ ☆ ☆ ☆

玫瑰鲜花饼

仿佛是来自云南的美味，香甜的味道让人一尝即难忘，
但其实自己也可以制作呢，下面就奉上制作秘籍。

材料准备（参考分量：12 个）

水油皮：
中筋面粉 200g、猪油 60g、细砂糖 20g、温水 100g。

油酥：
中筋面粉 140g、猪油 70g。

玫瑰馅：
玫瑰酱 250g、熟糯米粉 80g、50g 蔓越莓干。

烘焙：
烤箱中上层，上下火 180℃，20 分钟左右。

小贴士

1. 玫瑰酱要冷藏以后使用，可以自己制作，也
   可以买成品，常温下的玫瑰酱比较稀，不好
   包馅，冷藏以后会变硬一些。

3. 将皮擀成圆形包馅的时候，收口处不要粘上
   玫瑰酱，以免收口不严容易裂开。

4. 烤之前在面饼上多扎几个小孔！

5. 制作饼皮的时候，面团要软一些，这样做出
   的饼才容易收口，不易爆馅，而且口感更好。

1. 制作鲜花馅，炒锅烧热，小火不断翻炒生糯米粉，炒至微微发黄即熟，冷却后使用；在玫瑰酱里加入熟糯米粉、蔓越莓干混合均匀，成为黏稠、湿润的玫瑰馅料，放入冰箱冷藏！然后将玫瑰馅分成 12 份备用。

2. 制作饼皮，把水油皮的材料混合在一起，揉好以后盖上保鲜膜静置半小时，然后均分成 25g 一份。

3. 把油酥材料混合在一起用手搓成小粒，然后捏成团，切记不能揉！以免面粉产生筋度！油酥也均分成 15g 一份的小团子。

4. 每份油皮包入一份油酥，捏紧收口，向下盖上保鲜膜静置 15 分钟。

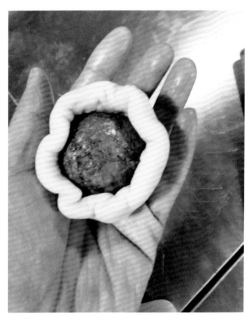

5. 取一份上一步的面团擀开成牛舌状，翻面，卷起来然后压口向下再静置 15 分钟；重复再做一次，在长方向擀开再次卷起，盖上保鲜膜静置 15 分钟。取一块静置好的面团两头向顶部捏进去成大致圆形，擀开。

6. 将面皮光滑的一面朝外，捏住面皮一个点，将其他面皮慢慢朝这一点收紧，最后收口，与包包子、包馅饼的手法类似。

7. 收口向下排入烤盘，略微压扁，用牙签扎一点小孔方便烤制过程中排气，然后用食用色素印上纹样。

8. 放入预热好 180℃ 的烤箱中层烤制 20 分钟即可，若不想上色则在后期盖上锡纸，浓郁玫瑰香的鲜花饼就做好啦！

蛋黄酥

图文｜玛格丽特·颜　　**制作者**｜木子

蛋黄酥甜、热量高，制作不妥当容易发腻。但这一款蛋黄酥制作方法却很特别，清甜酥软，隐约有特别的咸香，让人意犹未尽，忍不住想吃第二个。贡献上此款蛋黄酥特制秘方，为你和你爱的人制作一份特别美味的蛋黄酥吧。

材料准备（16 份制作用材）

油皮：
中筋面粉 150g、白猪油 55g、糖粉 25g、水 55g。

油酥：
低筋面粉 120g、白猪油 65g（猪油新鲜熬制，也可以使用黄油）。

馅料：
咸蛋黄 16 个、豆沙馅 400g。

其他材料：
纯蛋黄液 2 个、黑芝麻适量。

蛋黄酥更好吃的小秘密：

　　可以准备适量肉松，常用海苔肉松，在包入馅料时放入部分肉松，蛋黄酥吃起来带有淡淡的咸香，口感更好，不发腻。

1. 把油皮的材料倒入面盆里，用筷子搅拌成絮状，再把面团揉至光滑，包上保鲜膜静置 30 分钟（夏季需冷藏 30 分钟）。将油酥的材料放入盆中搅匀，揉成光滑的面团，盖上保鲜膜备用（夏天需冷藏）。

2. 再包豆沙蛋黄馅儿，把蛋黄取出，放入烤盘喷高度白酒，进烤箱上下火 180℃10 分钟即可。豆沙平均分为 16 份，搓成球压扁，包入蛋黄，捏紧收口，做好的馅料待用。

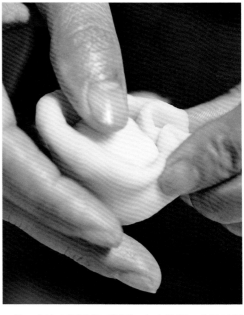

3. 松弛好的油皮面团和油酥面团各平均分成 16 份。

4. 将 1 个油皮面团压成圆形，包入油酥。收口时尽量用虎口捏紧收口，不然擀的时候油皮会破损。

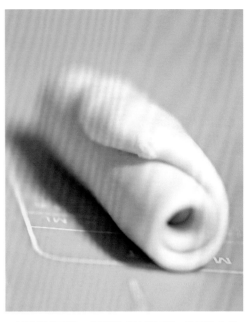

5. 将包好的面团，擀成椭圆形，从下往上卷起来。全部擀好后，盖上保鲜膜松弛 20 分钟左右（夏天需冷藏醒发）。

6. 松弛好的面卷，竖着擀成长椭圆形，从下往上卷，全部完成后，再次盖上保鲜膜松弛 20 分钟左右（夏天需冷藏醒发）。

7. 将松弛好的面卷两头对折，擀成圆形，包入馅料。用虎口收口，捏紧收口处，不要留松口。包好的蛋黄酥生胚放入烤盘中，同时预热烤箱。

8. 在蛋黄酥生胚上刷上一层蛋液放入烤箱，将预热好的烤箱调到上下火 180℃ 烤 10 分钟。取出蛋黄酥再次刷一层蛋液，撒上芝麻，再用 175℃ 上下火，烤 25 分钟。制作完成。

派对闪亮指数：☆☆☆☆☆
操作难易指数：☆☆☆☆☆

柠檬裱花蛋糕

静静观察每一朵花瓣的模样，以蛋糕为基底幻化出朵朵盛开的花。韩式裱花在传统裱花的基础上，对花形和手法做了改变，从裱花的色彩、花形和风格上看，已从原来的粗线条演变为现在细腻、逼真的样子。不妨在小日子里真实体会一把"艺术源于生活，又高于生活"的智慧哲理。

材料准备

全蛋 120g、砂糖 100g、低筋面粉 90g、黄油 50g、柠檬汁 40g、柠檬皮 1 个。

1. 准备好材料，将柠檬榨汁，黄油隔水化成液体（取2个碗，给外围的碗里加热水，将放有黄油的碗坐在热水里将油化开。），擦一个柠檬皮。

2. 全蛋隔热水加砂糖打发，此时烤箱预热170℃，上下火。

3. 打发至全蛋膨胀发白，细腻有光泽。

4. 将柠檬汁加入液体黄油中混合均匀。

5. 继续加入柠檬屑。

6. 向蛋糊中筛入低粉。

7. 翻拌均匀至无干粉状态，切记不要画圈或者乱搅。

8. 倒入黄油混合液体。

9. 翻拌均匀。加入黄油液体后翻拌很容易消泡,这属于正常现象,所以翻拌时一定要快。

10. 倒入 6 寸阳极模具(模具可以垫油纸,也可以抹黄油,顺其自然就好)。

11. 轻摔两下模具,震出大气泡。

12. 设定烤箱 170℃,时间 30 分钟。

13. 出炉轻摔震出热气，倒扣在冷却架上放置至室温，然后脱模。

14. 给蛋糕夹馅、抹面、做装饰。

小贴士

　　蛋糕裱花并不难学，很多人在初试阶段会纠结于自己到底能不能学会，能不能学好。但其实想做的事情自然要多加练习，再者一定要相信自己！

派对闪亮指数：☆☆☆☆
操作难易指数：☆☆☆

雪梨水晶桂花糕

秋梨被誉为"百果之宗"，与八月香甜的桂花搭配，绝对是经典绝配。

Q弹的桂花糕赏心悦目的同时也会让你食欲大开呢。

材料准备

梨子 2 个、冰糖 50g、水 1000ml、糖桂花少许、琼脂 5g。

1. 梨子洗净切小块加冰糖加水大火烧开转小火煮，煮至梨软为好，只取汁水备用（约 400ml 左右）。

2. 把琼脂撕小一点，用凉水泡发开，捞起，放进 100g 水里。

3. 把琼脂隔水煮化，加入梨子水，糖桂花，搅拌均匀。

4. 倒入 1 个定型的碗里，放凉后冰箱冷藏 1 小时，完全凝固后即可切块食用。

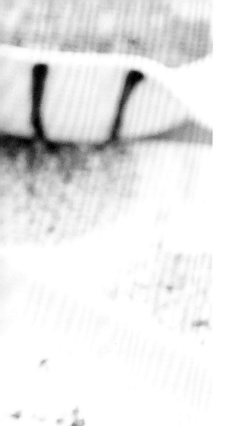

桂花糯米藕

祖籍杭州、生于北平的梁实秋时常把桂花糯米藕挂在嘴边，谈恋爱时也要在给姑娘的情书里汇报"今早起，我吃了一片糯米藕，好甜好甜……"或许先生以为桂花糯米藕的软绵甜香正是恋爱的滋味，萦绕舌尖，念念不忘。

材料准备

莲藕两节、糯米 250g、冰糖 50g、红糖 50g、干桂花 20g、红枣 10 颗。

1. 糯米浸泡 2 小时，莲藕洗净去皮。

2. 将粗的一头从离藕节 3~4cm 处切开。

3. 灌入糯米，藕盖子里也装上糯米。

4. 用牙签封口。

5. 往高压锅里放入莲藕和没过藕节的水，加冰糖、红糖、红枣煮开，然后加压小火煮 1 小时。

6. 煮好以后，过滤出没有杂质的汤汁。往汤里加入干桂花，开盖中火熬煮至汤汁黏稠。

7. 切片装盘，淋上汤汁即可。

小贴士

　　莲藕多是7孔或9孔，孔洞中填满了糯米。填糯米的功夫只可意会不可言传。不能压太实，不宜烹煮，且容易膨胀成 "糯米暴发户"；不能太松，一旦切开，糯米挂不住直往下掉，着实小家子气。好的糯米藕，糯米晶莹透亮，正好嵌在莲藕孔中，好像那里就是它天生该待的地方。

果酒 × 果饮

派对闪亮指数：☆ ☆ ☆ ☆
操作难易指数：☆

琉璃苣茶

欧洲人会把院子里的琉璃苣当作蔬菜，鲜叶及干叶用于炖菜及汤。含有丰富的钙、钾和矿物质等，绝对是健康蔬菜。如果你不怕毛茸茸的口感，新鲜的琉璃苣叶片和花可以加入色拉食用，有淡淡的黄瓜清香。或者加在菜肴上面做点缀，蓝色的小花飘在果汁上，也顿时增添很多浪漫。

还可以尝试一下制作简单的琉璃苣茶。

材料准备

采摘新鲜的琉璃苣（花和叶都可以）或者晒干后冰箱保存的琉璃苣、蜂蜜。

制作过程

1. 用开水冲泡，盖上盖子焖约 10 分钟。
2. 适当加入蜂蜜，或者直接喝。

口感：菜汤的清香，即使不加蜂蜜，也有淡淡的咸甜味儿。
功效：解毒、退烧、恢复身体机能运作。

派对闪亮指数：☆ ☆ ☆ ☆
操作难易指数：☆

迷迭香茶

迷迭香，唇形科灌木，别名"海洋之露"。常绿，株型直立，叶片灰绿、狭长而尖细，轻轻触摸便散发类似松树的香味，自古被视为可增强记忆的药草。

材料准备

新鲜迷迭香、太古糖或冰糖。

制作过程

1. 现采新鲜迷迭香洗净，放入杯子里，用 90℃ 以上开水直接冲泡。
2. 加入适量太古糖或者冰糖，静置 2 分钟，即可享用。

迷迭香的功效与作用

味辛，性温。发汗，健脾，安神，止痛。主各种头痛；防止早期脱发。

派对闪亮指数：☆ ☆ ☆ ☆
操作难易指数：☆

迷迭香橄榄油

把这样的迷迭香橄榄油，盛装在漂亮的小玻璃瓶里，加上好看的标签，作为礼物送给朋友，实用又有新意。

材料准备

迷迭香、橄榄油、大蒜。

制作过程

1. 迷迭香冲洗干净，沥干水分备用。
2. 在锅中倒入 250ml 左右橄榄油中火加热至开始产生气泡时放入 5~8 枝迷迭香，继续加热约 2 分钟，然后离火，彻底放凉。
3. 在干净而干燥的密封瓶中放入 2 瓣大蒜和 3~4 枝新鲜迷迭香。
4. 将放凉的橄榄油中的迷迭香沥干丢弃，橄榄油倒入瓶中。
5. 将余下未加热的 250ml 橄榄油也倒入瓶中。
6. 系上美丽标签。

迷迭香香味已经充分融入橄榄油中，在做沙拉或者煎牛排、羊排、鱼时，淋上迷迭香橄榄油，会有不一样的味蕾体验。

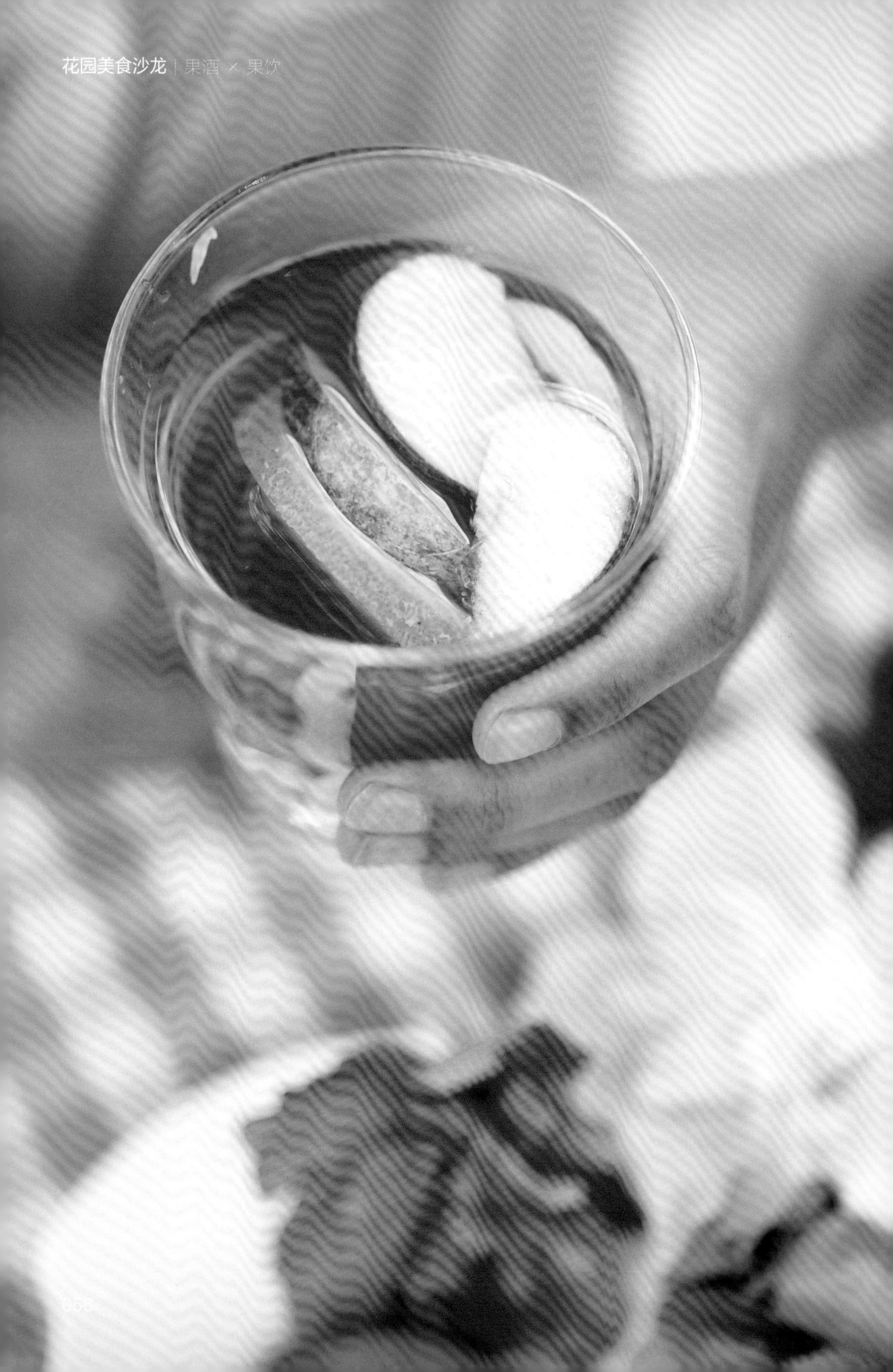

派对闪亮指数：☆☆☆☆☆
操作难易指数：☆☆☆

水果木槿花茶

《诗经》里"有女同车，颜如舜华，将翱将翔，佩玉琼琚"里面的"舜"便是指的木槿。古时候的美女，颜如舜华、颜如木槿，轻言细语、浅笑如波，一种轻盈的温柔，一种淡然的妩媚，就应该是这个样子的吧。

材料准备

晒干的木槿花、苹果、橙子、柠檬等水果若干、蜂蜜或果酱。

1. 去除晒干木槿花的花萼。

2. 取七八朵木槿花用沸水冲泡 3~5 分钟，滤出花瓣，仅保留茶汤。

3. 按照个人喜好加入苹果、橙子、柠檬和几滴莱姆汁，由于柠檬和莱姆汁的酸性作用，茶汤会变成明丽的粉红色。

4. 待茶汤渐凉，调入蜂蜜，还可以加一大勺草莓酱或其他果酱，冷饮热饮均可。

小贴士

木槿花的营养价值：

　　木槿花的营养价值极高，花瓣含有丰富的蛋白质、脂肪、粗纤维，以及还原糖、维生素C、氨基酸、铁、钙、锌等，并含有黄酮类活性化合物。木槿花蕾，食之口感清脆，完全绽放的木槿花，食之滑爽。

　　利用木槿花制成的木槿花汁，具有止渴醒脑的保健作用。高血压病患者常食素木槿花汤菜有良好的食疗作用。

更多木槿花的吃法：

　　木槿花茶、木槿花蒸蛋、铺蛋、木槿花炒肉丝。

派对闪亮指数：☆ ☆ ☆
操作难易指数：☆ ☆

玫瑰红茶

玫瑰是一种很好的茶叶伴侣，温和浓郁的芬芳和红茶更搭！可以选用云南野生滇红，包含着淡淡的玫瑰香气，入口柔和甜蜜。不同的玫瑰花原产地因为其地理环境和气温等自然条件的不同，和红茶窨制在一起时也会产生不同的味道。大马士革玫瑰、千叶玫瑰、平阴玫瑰、墨红玫瑰都可以用来窨制红茶。

材料准备

500g 红茶、150g 大马士革玫瑰花瓣。

制作方法

1. 把玫瑰花瓣和红茶均匀混合，放入竹篓中盖上布静止 6 小时。
2. 茶叶具有良好的吸味特质，会把玫瑰花瓣的香气吸附，而这个过程会有轻微的发酵，中途需要翻动一下茶叶，以免温度过高，造成花瓣的焦边。
3. 然后拿出来摊放开来，通风散热 24 小时。窨制红茶过程中需要及时翻动，散热，以免产生发酵的味道，翻动过程也会继续加快花瓣的脱水。
4. 然后继续复窨 24 小时，窨制好的红茶，因为茶叶吸附了花瓣的香氛和水汽，需再次烘干，可以用烤箱或者烘干机，90℃左右大约 15 分钟，中途需要翻一下。烘好的标准就是用手指搓茶叶，能把茶叶搓成粉末的程度！

派对闪亮指数：☆ ☆ ☆
操作难易指数：☆ ☆

玫瑰糖浆

墨红玫瑰花瓣肥厚，有丝绒的质感，花青素含量高，但是涩味也比较重，更多是用来做玫瑰花茶，也更适合做玫瑰糖浆！

材料准备

新鲜玫瑰花瓣 300g、纯净水 1500ml、黄冰糖 300g。

制作方法

1. 取新鲜纯花瓣，烧开水，水开后转最小火，抓一把玫瑰花瓣丢进去煮 3 分钟，花瓣褪色，清水会变成蓝黑色。
2. 第一把花瓣捞出来……继续保持小火，再放一把花瓣进去。水慢慢变成棕色，花瓣褪色后再次捞出。
3. 然后放第三把花瓣，还是小火煮，明显可见棕色的水开始变成红色。
4. 多次重复后，汤汁大约还有 500ml 左右，变成葡萄酒般深红色！
5. 放入冰糖，熬到冰糖融化汤汁黏稠，玫瑰露做好啦。
6. 熬好的玫瑰露倒入消毒后的干燥玻璃瓶中，自然冷却后冷藏保存。可以泡水喝，调饮料。

派对闪亮指数：☆☆☆☆☆
操作难易指数：☆☆☆☆☆

自酿黑脾

市面上的啤酒很多都不是纯麦芽发酵的，没有什么麦香味。有条件的话可以尝试自酿啤酒，自酿啤酒可以根据自己的口味，量身定制，白啤、黄啤、黑啤都行。更重要的是，可以充分享受 DIY 的乐趣。相信喜欢喝啤酒的你，只要自己酿过 1 次，就会爱上它！

材料准备

35L 大桶、30L 纯净水、大麦芽 4kg、小麦芽 1kg、巧克力麦芽 500g、6g 啤酒苦花、30g 香花、5g 艾尔酵母、30g 蔗糖、长柄过滤勺、保温桶、糖化筒、纯净水桶、啤酒桶。
（5L 麦芽，可以酿制 16L 左右啤酒，这是最小的量。）

制作过程

1. 35L 以上的大桶，倒入 30L 纯净水，加热至 75℃左右，用猛火炉。
2. 研磨 4kg 大麦芽，1kg 小麦芽，500g 巧克力麦芽。
3. 把 75℃的热水放入保温桶少许，然后放麦芽，控制温度在 67℃左右，继续放水，加放 5kg 麦芽，大约放 15L 水。

4. 麦芽里的淀粉酶，在 67℃的水温下，可把淀粉转化成麦芽糖，需要 1 小时左右。同时如果发现水温低于 66℃，可以放一部分糖浆出来适当加热后，再入糖化桶。如果高于 68℃，就适当放些冷水。然后用长柄过滤勺搅拌，确保水温均匀。全程分 3 次，将流出的麦芽糖浆适当加热后，倒回到麦芽醪中，确保麦芽糖浆里无淀粉。

5. 把剩下的水加热至 85℃左右，分 3 次洗槽，洗槽时可以用长柄过滤勺搅拌，这样就可以得到 21L 左右的麦芽糖浆。

6. 因为洗槽的麦芽糖浆有点稀，而且发酵的容器为 18.9L 的纯净水桶，所以需要将麦芽糖浆煮沸蒸发水分。全程煮沸需 1 小时，煮沸 20 分钟后放入 2g 啤酒苦花，再过 40 分钟后放入 4g 苦花，接着放入 30g 香花，立即熄火，盖盖子。

7. 迅速把桶拿到水池边，放入不锈钢冷却盘管，冷却出来的水可以用于桶外冷却，也可以用冷却出来的水泡着不锈钢桶（80℃以上时，啤酒花是很容易氧化的，所以把盘管放入不锈钢桶，需要立即盖回盖子）。

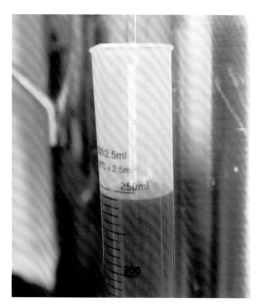

8. 继续冷却，直到 20℃左右，测量比重，这次的比重系数是 1.048，48/4=12 度，意味着这次酿造的啤酒麦芽度为 12 度（如果不是 20℃，需要补偿比重系数）。

9. 把麦芽糖浆装桶，摇晃水桶，让糖浆有充分的氧气。然后放入活化的艾尔酵母液：5g 艾尔酵母，50g 煮沸过的凉水，2 茶匙的蔗糖，放烤箱 35℃保温 20~30 分钟，当液体呈现 20% 的泡沫时，表明活化成功，接着 16~20℃恒温发酵 1~2 周。在放入酵母的 1~3 天里，可以看到沸腾的糖浆，水桶上的水封也在不停地吐着泡泡。

酿啤酒小贴士：

1. 啤酒酒精度低，杀菌作用有限，在糖酵煮沸冷却之后的过程中，消毒必不可少，碘伏、臭氧、医用酒精、开水等都是不错的消毒方法。

2. 生啤酒的酒体里还有很多活酵母。在30℃以上的环境中放置口感会出问题，夏天要冰箱冷藏。

3. 艾尔酵母发酵的最佳温度是16~20℃。气温低于此，可以用水浴法加热。气温高于24℃，需要开空调或放冰柜。

4. 塑料器具新料，通透度好就可以使用。例如在保质期范围之内的可乐瓶子就可以使用一次。

5. 酿啤酒如做西点，勿轻易修改做法。通过多次实践，足够了解掌握后方可游刃有余。

10. 接着，把静置 1~2 周的啤酒装瓶，装瓶之前可以再量一下比重，大约是 1.015，(48/4-15/4)/2=4 度，你酿成了酒精度为 4 度的啤酒。接下来通过虹吸法放入保压容器中，可以用可乐瓶、啤酒瓶、啤酒桶也可以，1.25L 的瓶子里放个 10g 蔗糖，旋紧盖子，

继续让酵母吃点糖，产生二氧化碳发酵。二次发酵 3 天左右基本完成，但是这样的啤酒口感欠佳，最好再放 2 周以上。

11. 根据前期发酵前和发酵后比重计量的结果计算，这是一杯麦芽度 12 度、酒精度 4 度的黑啤。

Make happy and sad
times as you fly by, and
do whatever you want,
swift-footed Time, to
the wide world and all
its vanishing delights

派对闪亮指数：☆ ☆ ☆ ☆
操作难易指数：☆ ☆

青梅酒 1

青梅学名酸梅，属于蔷薇科，是我国亚热带特产水果，青梅酒历史悠远，据《三国志》记载，曹操以青梅煮酒相邀刘备共论天下英雄，"青梅煮酒论英雄"即出于此。可见从古至今，青梅酒早已家喻户晓。并且基于它丰富的营养成分，更是值得泡上一瓶。

准备材料

青梅、冰糖、白酒、能密封的玻璃罐。

1. 将新鲜的青梅洗净晾干，用叉子在青梅上扎一些小孔，可以让青梅更快酿入味儿。

2. 白酒不限，高度白酒即可，度数过低容易坏掉。

3. 冰糖的比例一般是青梅重量的 0.5 到 0.8，喜欢口感偏甜的就多加一些。

4. 将适当比例的冰糖、白酒和青梅装入玻璃罐容器，于阴凉处贮存，放到半年以上再打开，青梅酒酿透了味道会更醇厚。

青梅酒小贴士

    1. 青梅酒存放时间越久，越陈，酿透了口感越好。

    2. 泡过的梅子有解暑、生津、和胃的功效，夏季容易有痧或吃了不干净的食物引起的腹痛，吃上几粒也可以缓解。

青梅酒 2

材料准备

派对闪亮指数：☆☆☆☆
操作难易指数：☆☆

制作过程

1. 青梅清水洗干净、去蒂、晾干。
2. 然后一层青梅一层冰糖放入玻璃罐最后倒入蒸酒封好，放置阴凉处保存。
3. 青梅、白酒、冰糖的比例一般在 1:1:0.5~0.8 之间。
4. 2~3 个月即可酿成诱人的琥珀色青梅酒，一年左右熟成。

派对闪亮指数：☆☆☆☆
操作难易指数：☆☆

杨梅酒

每年的 6 月中下旬是江南的梅雨季节，也是杨梅成熟的季节。碧绿茂盛的树叶中，细细密密地挂着诱人的红色果子，会让人忘记酷暑，不知不觉被诱惑、陶醉。

材料准备

新鲜杨梅 350g、清香型白酒 500g、冰糖 100g、玻璃容器一个。

制作过程

1. 将新鲜的杨梅用淡盐水浸泡 1 小时，然后自然晾干。
2. 加入白酒和冰糖。
3. 将处理好的杨梅酒装进容器，密封放置阴凉通风处，或者放进冰箱。
4. 每隔 3 天可摇晃一下瓶子，15~25 天时就酿成了。

腌荔枝

为了保持荔枝的鲜味，爷爷奶奶那一辈人会把荔枝藏在井里。绳子上挂一个竹篮子，篮子里装满荔枝，然后挂在井水里，延长保鲜期。另外，做腌荔枝也极为普遍。腌荔枝不仅保存了荔枝的鲜甜味，还可以保存半个月至1个月，而且比新鲜荔枝更加清爽可口，不易上火。

材料准备

新鲜荔枝、食盐、罐子、冷开水。

制作过程

1. 冷开水倒入罐内，加入食盐。
2. 选用的是新鲜、饱满的荔枝，需要剪平荔枝蒂头，整颗放入罐内。
3. 密封浸泡 3 天。

荔枝酒

荔枝成熟季节短短不过半个月至1个月，稍纵即逝的感觉。且荔枝极为不好保存，"一日色变，二日味变，三日色味俱变。"做成荔枝酒就大大的延长了保质期，两三年不坏，不变味道，而且荔枝酒对于体弱之人、产妇、胃寒人饮用是极好的。

材料准备

40 度白酒 1000ml、新鲜荔枝肉 500g、冰糖 50g。

制作过程

1. 冰糖要先融化在酒里。
2. 再放入荔枝肉，密封起来过 1 个星期再缓慢搅拌让白糖再次融化均匀。

水果环保酵素

国外已经在流行一种酵素清洁剂，去污清洁能力是化学清洁剂的多倍，却完全不会伤手，在这里马上就教你用新鲜水果自制好用又护手的家居环保酵素哦。

材料准备

黑糖（红糖）、水果 1kg、柠檬是必须有的，其他可选苹果、香蕉、橙、水梨或凤梨；水 3kg、容器 10kg 装（瓷器、陶器或胶桶）。

环保酵素的用途

1. 稀释后的酵素擦洗家具能去除霉菌、尘垢、污秽、油污等，尤其对油腻墙壁的清洁作用非常有效。

2. 在沐浴、洗发和洗衣时加入稀释的酵素，能加强清洁效果，也起到保养的作用。

3. 酵素稀释后喷洒宠物全身能去除宠物异味，减少寄生虫生长。

4. 蔬菜、水果泡在稀释后的酵素水（每2 汤匙酵素配1kg 水）里45 分钟，能去除表面各类污渍残留等。

制作过程

1. 1 份黑糖（红糖），3 份蔬菜、果皮，10 份水一起放到容器里。
2. 糖水需没过酵素原料，需搅动原料使其沉浸于黑糖水中。
3. 制作初期，每天要打开瓶盖通气，开盖时会听到"嗞嗞"声。如不及时放气，瓶子会被撑大，甚至会爆炸，需多留意。
4. 发酵期满 3 个月后即可。建议 6 个月或以上，发酵期越久，效果越佳。

制作小贴士

1. 避免选用玻璃或金属等无法膨胀的容器。
2. 酵素原料切得越小，越有助于分解。
3. 可加入橘子皮、柠檬皮等，制作出来的酵素会有清香的气味，
4. 安装酵素的容器需保有30%的发酵空间。
5. 容器上标示制作日期。
6. 应放置于空气流通、阴凉处，避免阳光直射。切勿置于冰箱内，低温会降低酵素的活性。

香草烹饪

派对闪亮指数：☆☆☆☆☆
操作难易指数：☆☆☆☆☆

百里香烤鸭胸肉

南方人爱吃鸭子，夏天丝瓜蛋汤，应该就是要用鸭蛋，而不是鸡蛋，因为中医认为鸭肉鸭蛋是性凉的，夏季酷暑闷热应该吃鸭蛋。

吃北京烤鸭时日本人只喜欢吃皮，一般寿司店里会取用鸭胸来制作寿司，别的吃法远不及我们，所以市场上倒也不是很常见。

材料准备

鸭胸肉 2 块、番茄 2 个、四季豆 8 根、沙拉生菜 100g、橄榄油少许、黄油 20g、朗姆酒 20ml、拌菜专用酿造酱油 1 大勺（约 15ml）、蚝油 1 大勺、黑椒汁 1 大勺、胡椒粒少许、高山岩盐少许、定时器。

小贴士

1. 做好这一切方可享用美味，鸭肉本身比较有个性，但是加入了百里香却产生奇妙的化学反应，气味变得柔和还带有一丝丝的奶油味，配合番茄和四季豆一起吃健康也美味。

2. 鸭肉骨头会比较多，吃起来的口感会比鸡肉好很多，不会有太柴的感觉。

3. 处理鸭子的时候要注意鸭屁股上有一个脂肪层，这是个关键部位，如果杀的时候就没有弄好，脂肪层上的油弄到了鸭子身上，那吃起来无论怎么处理鸭肉都是骚的。

1. 把百里香的叶片逆着枝条捋下来，然后加蚝油和朗姆酒腌渍，再撒上胡椒，然后盖上保鲜膜腌渍时间 4 个小时以上为宜。

2. 锅中放入黄油加热融化，腌好的鸭胸肉放入锅中，先煎有皮的一面，不时翻一翻，等到表皮金黄时（大约 2~3 分钟）翻过来煎。

3. 然后在皮上刷一层蜂蜜，继续煎 2~3 分钟，煎至四五分熟。

4. 然后放入烤盘，烤箱 200℃ 提前预热，烘烤时间大约 15 分钟。

5. 四季豆放入锅中，加少量的油煎 2 分钟。

6. 然后煎番茄，煎番茄可以用多一点黄油，黄油会令番茄带上特殊的香味。

7. 沙拉菜切碎后倒入酿造酱油、橄榄油，橄榄油的特殊香气会为沙拉添色不少。

8. 烤箱中的鸭胸肉取出，撒上黑椒汁。

苹果凤梨乳酪沙拉

新年大家各种聚餐，各种大鱼大肉，一不小心体重就飙上去了。大家不用担心，现在推荐一个简单的水果乳酪沙拉，既营养又健康。凤梨水灵灵透着小酸甜，在食肉类或油腻食物后，吃些凤梨对身体大有好处，然后再加上漂亮的粉色苹果，加点乳酪更加完美。

材料准备

苹果半个、凤梨 1/4 个、总统布里乳酪 1 小块、榛子 10 颗、培根 2 片、苦菊 1 大把。

油醋汁：

苹果醋 1/4 小匙、海盐 1/8 小匙、芥末酱 1/4 小匙、橄榄油 2 大匙、现磨黑胡椒 1/8 小匙。

1. 榛子略烤擀碎。

2. 培根煎香切小块。

3. 奶酪切小块。

4. 凤梨整个洗净切片，再用刀去皮切小块。

5. 苹果切片。

6. 把油醋汁中所有材料放在一起搅拌均匀。

7. 沙拉材料混合放在盆子里,倒入油醋汁搅拌均匀即可。

食材搭配小提示:

　　萝卜和乳酪不能一起吃:《饮膳正要》中提到:"莴苣不可与酪同食。"乳酪是油脂性食物,与莴苣的性味不同,二者同食,容易导致消化不良,从而出现腹痛、腹泻等症状。

　　苹果和鱼肉能一起吃:苹果中富含果胶,有止泻的作用,与清淡的鱼肉搭配,更加美味可口,也能为人体提供更丰富有用的营养成分。

派对闪亮指数：☆ ☆ ☆ ☆
操作难易指数：☆ ☆ ☆

芒果草莓沙拉

第一口吃对了，一天的精气神才是饱满的。芒果软软糯糯的质地，草莓酸酸甜甜的口感，新鲜脆爽的生菜，营养丰富的口蘑，回味无穷的扁桃仁……用食物把身体的每一个细胞都叫醒。饱满鲜亮的一天又开始啦。

材料准备

有机草莓 5 个、（小）芒果 1 个、有机生菜半颗、扁桃仁 5 粒、橄榄油 1 匙、黑醋 1/2 匙、海盐 1/8 匙。

小贴士

　　生菜，含有丰富的微量元素和膳食纤维素，能改善胃肠血液循环，促进脂肪和蛋白质的消化吸收。搭配口蘑、芒果、草莓、扁桃仁等简单易得的食材，别偷懒，5 分钟就能上桌的快手营养沙拉！

1. 生菜洗净、手掰成段。

2. 口蘑洗净切片，小火煎至双面黄。

3. 芒果对半切开，用画格子的方式横竖划几刀。草莓去蒂，对半切，再切成四分之一块。

4. 依次码上生菜叶、口蘑、芒果粒、草莓块、扁桃仁。

5. 浇上橄榄油、黑醋汁、海盐即可。

槐花炒蛋

四月尾巴，五月头梢，一簇簇槐花落落大方地开在路边，
夜晚散步，一路都是槐花飘来的香气，和你打招呼似的。
摘几束回家，迫不及待洗净，用开水一焯，混合鸡蛋一炒。
配上一杯清酒，深夜"偷吃"的愉悦感油然而生……

材料准备

槐花 5 个、鸡蛋 2 个、盐少许。

制作方法

1. 槐花洗净，水烧开后，放入焯 10 秒。
2. 捞出过凉水，挤压去除过多水。
3. 鸡蛋打散。将槐花加入蛋液，入少许盐。
4. 热油至 6 成，放入翻炒，待蛋液呈半凝固状态即可关火，口
   感更滑嫩。
5. 放在烤好的面包片上也会很美味。

小贴士

1. 槐花焯水口感更好。

2. 焯水后的槐花记得挤去水分。

迷迭香烤鱼

派对闪亮指数：☆ ☆ ☆ ☆
操作难易指数：☆ ☆ ☆

图、文 | 赵宏

材料准备

新鲜的迷迭香、鲫鱼、山胡椒、粗盐。

制作过程

1. 鲫鱼洗净后，两面涂抹上薄薄的粗盐和迷迭香，略按摩后约腌渍 15 分钟后洗去。
2. 鲫鱼的两面切斜刀痕，在鱼肚及刀痕处塞入迷迭香，并撒上少许山胡椒，冰箱中保鲜腌渍约 3 小时。
3. 锡纸上铺上一层新鲜的迷迭香，再放上腌好的鱼放入烤箱。
4. 根据鱼的大小烤 30~40 分钟。单纯天然的调味，即可烤制出鱼肉本身的鲜甜滋味。

迷迭香烤羊排

派对闪亮指数：☆☆☆☆
操作难易指数：☆☆☆

图、文 | 赵宏

材料准备

羊排、迷迭香叶少许、蒜头、酱油 1 杯、冰糖水 1/3 杯、黑胡椒颗粒少许、冷开水 1 杯。

制作过程

1. 调制酱料，酱油、冷开水、冰糖水混合均匀，再加入切碎的蒜头一起浸泡。
2. 将洗净的羊排加入迷迭香叶、黑胡椒颗粒及调制的酱料一起按摩。
3. 将按摩好的羊排一块块铺好，放入冰箱中腌渍并保鲜 1~2 小时。
4. 烧烤至外皮金黄色上盘。

薄荷炸天妇罗

天妇罗是一类油炸食品的总称，最早起源于葡萄牙，人们把东西炸一炸直接吃或者蘸上酱料吃起来很方便。把它发扬光大的还是日本，所以我们现在提到的天妇罗反倒是日式的做法。几乎所有的食材包括蔬菜都可以做成天妇罗，以前在外面的路边摊看到有油炸香蕉的，猛一看还挺像黑暗料理，把香蕉裹上面粉鸡蛋液放入油里一炸就是炸香蕉，其实这也是一种天妇罗。

材料准备

大虾 6~8 只、面粉 50g、鸡蛋 1 个、面包糠 50g、黄酒 1 大勺、紫甘蓝少许、小番茄、新鲜薄荷枝条 3 根、胡椒粉、盐 1/2 小勺。

1. 先把大虾洗净，然后把身体上的壳剥掉，在腹部划一刀，取出虾线。然后将背部朝上用刀按一下，这样做的目的是让虾的肉松开，油炸的时候不会弯曲。

2. 剥好壳的虾倒入胡椒粉。

3. 再加一点点的盐。

小贴士

可以自己配一些喜欢的酱料蘸着吃，比如辣椒酱、番茄酱、蛋黄酱等，其实吃原味也是不错的。小番茄酸酸的口感非常适合与海鲜一起食用，同时也可以促进肠胃蠕动帮助消化，薄荷、甘蓝则带来清爽的口感。

4. 加入黄酒，用手把所有材料和虾拌匀，让它腌渍一会儿，半个小时就可以。

5. 然后把紫甘蓝切成丝，薄荷叶撕碎，拌入紫甘蓝。

6. 把腌好的虾放入面粉中滚上一滚。

7. 再浸入到鸡蛋液中。

8. 然后再裹上一层面包糠。

9. 锅中倒入油，油温 7 成热的时候就可以开始炸虾了。

10. 炸到虾体发红，面包糠变成金黄色的时候就可以了。

11. 把小番茄剖开来，与紫甘蓝薄荷铺在盘子底部，上面放上炸好的天妇罗。

迷迭香鸡蛋煎朝排

在西餐中迷迭香是经常使用的香料，清甜带松木香的气味和风味，香味浓郁，甜中带有苦味。从迷迭香的花和叶子中能提取具有优良抗氧化性的抗氧化剂和迷迭香精油。广泛用于油炸食品及各类油脂的保鲜保质。这里是一道简单易做的中式煎朝排。

材料准备

朝排（长条烧饼）、新鲜迷迭香、鸡蛋、盐、胡椒粉。

制作过程

1. 朝排（长条烧饼）切成小段。
2. 现采新鲜迷迭香清洗干净，切碎。
3. 鸡蛋加盐和胡椒粉，打散，打均匀成糊状。
4. 锅加油烧热，倒入切段的朝排，翻炒。
5. 倒入迷迭香鸡蛋糊，翻炒。
6. 当看到香锅巴时，关火。

派对闪亮指数：☆☆☆☆☆
操作难易指数：☆☆

迷迭香香薰

李时珍曰：魏文帝时，自西域移植庭中，同曹植
等各有赋。大意其草修干柔茎，细枝弱根。繁花
结实，严霜弗凋。收采幽杀，摘去枝叶。入袋佩之，
芳香甚烈。与今之排香同气。

材料准备

迷迭香、粉碎机、筛子、香粉模。

制作过程

1. 迷迭香洗净，晒干至用手一捻就碎的程度。
2. 用粉碎机粉碎迷迭香，再用 40~60 目的筛子筛过，备用。
3. 把迷迭香粉细心装入香粉模中，点燃，享受迷迭香香
   薰带来的美好感受。

小贴士：

　　香草类植物，需要常修剪，它们枝
条会以倍数增长。

　　每次修剪后，需用稀薄液肥给植株
助力。

111

派对闪亮指数：☆☆☆☆☆
操作难易指数：☆☆☆

法式香草荷花沙拉

这款荷花主题的沙拉融合多种香草的味道，清新自然、爽口脆嫩，特别适合在夏天食用，瘦身又开胃。主要食材为新鲜水灵的藕，结合水果味胡萝卜、小青瓜、芦笋等维生素丰富的新鲜蔬果，再加上特别调制的清新风格的法式香草酸奶沙拉汁，让你在夏天在享受美味的同时，兼顾健康和美丽！

材料准备

鲜青柠 3 个或者柠檬半个、鲜薄荷叶 10g、法式原味酸奶 150ml、香草白葡萄酒醋 30ml、小洋葱 5g、玫瑰盐 1 茶匙（5g）、黑胡椒碎 1 茶匙（5g）、蜜糖 30ml（备用）、欧洲橄榄油 10ml、松露油几滴。

1. 将鲜薄荷叶摘成小朵、小洋葱和切成碎片，然后加入搅拌机中，倒入橄榄油、原味酸奶和法式苹果醋、葡萄酒醋，再调入玫瑰盐和黑胡椒碎，搅拌 2 分钟。倒出即成风味清新的法式酸奶沙拉汁。

2.250g 鲜藕洗净和芦笋 3 根一起抄水煮 5 分钟，去掉涩味，切丁备用。水果青瓜、胡萝卜一起切成黄豆大的方丁。

3. 混合后和风味沙拉汁少许搅拌，即可装盘在每一片荷花瓣里。

4. 最后整理造型，一道色香味俱全的法式香草荷花沙拉就大功告成啦！

花果酱

派对闪亮指数：☆☆☆☆☆
操作难易指数：☆☆☆☆☆

植窖玫瑰酱

在《本草纲目》里有记载，玫瑰花、月季花都可以食用或入药，有美容养颜、活血调经的功效。但有的玫瑰品种不好吃，单宁酸含量高的苦涩味重，植窖从收藏的 2 千多种玫瑰里，精选出香味独特、肉嘟嘟的好吃的品种，仅仅不到 10 种玫瑰适合熬玫瑰酱。

一般的玫瑰花酱用可食用的重瓣平阴玫瑰，加白糖或蜂蜜制作，也有加明矾和梅卤的做法。植窖手作的玫瑰酱却跳开传统的做法，使用最精致的食材，追寻极致的口感。

材料准备

玫瑰鲜花瓣：
清晨采摘刚绽放露蕊的鲜花瓣。花品种有'一千零一夜''太阳之子''Eyes for you'和'朱迪'等精选的几种顶级玫瑰花瓣熬制玫瑰酱，需要多株成年大玫瑰树同一天开许多花才能收集足够的玫瑰花瓣来熬一次酱。

柠檬汁：
植窖农场自产的获得 JAS 有机认证的柠檬果汁，含氮量接近于零，风味独特，用于制作玫瑰酱，可以代替防腐剂延长保质期，并起到调味作用。

海藻糖：
日本原装进口的海藻糖 (甜度大约是白糖的 45%)，吃着不甜腻也不会长胖，熬成玫瑰花酱能抗冻，可以放在冰箱里冰冻保存，随时取用也不会结成硬冰块，冰冻保存最佳尝味期可以延长到 3 个月以上。

制作过程

1. 玫瑰花去掉花蕊、花托、只留花瓣，将花瓣用清水漂洗一下，洗去尘土，放通风处晾干水汽。
2. 将洗净的花瓣放入石臼里铺上两三层，放入柠檬汁、海藻糖，用石锤捣玫瑰花，捣至充分混合出汁液。
3. 装入瓶内密封。

小贴士

1. 植窝手作玫瑰酱保持花瓣原色，没有普通玫瑰酱的苦味和干涩口感，而是肉嘟嘟的质感，每一片都能尝到天然玫瑰香味。不同的玫瑰品种，香味有混合果香、老玫瑰香、没（mò）药香、茶香、甜杏香。

2. 普通玫瑰也可以食用，但需要确认是不打药种植的玫瑰才可以食用。

桂花糖

桂花又名木犀，常见的有金桂、银桂、丹桂 3 个类型。金桂花色为深浅不同的黄色，香味浓或极浓，花朵较易脱落，花期秋季；丹桂花色橙黄或橙红，很美，但香味较淡；银桂花呈乳白色，花朵茂密、香味甜郁。

摘桂花可以只摘那开在光杆上的两圈，每圈是由两小簇组成，每小簇上 7 朵桂花，而开在枝顶的因有枝叶相交不好采摘，况且采摘桂花也要注意不破坏了桂花树的美感。

材料准备

新鲜桂花、白糖、蜂蜜、密封罐。

制作过程

1. 采摘新鲜的桂花，以『丹桂』为佳，也可以在地上铺塑料纸，静待花雨落下。
2. 纯净水冲洗，去杂质花托，沥干水分。
3. 用少许盐腌至出水，用手拧干。
4. 密封瓶白糖铺底，一层桂一层蜜，放置冰箱，5~7 日后食用。

菠萝果酱

夏天到了，水果摊上总能看到菠萝的身影，黄灿灿的，样子十分可爱，吃起来呢酸酸甜甜的，所以很多人都喜欢。菠萝虽然很好吃，但是夏天很快就会过去，有什么办法可以把这份美味保存起来呢？答案是：果酱。

自己可以动手制作纯天然的营养果酱。一点都不难，只需要新鲜水果和糖就可以了，如果想要口感丰富一些，还可以加入各种香料或者香草。

材料准备

菠萝 1 个（果肉约 1000g）、柠檬半个、糖 350g、肉桂 2 根、八角 1 颗、香叶 3 片；密封罐、锅、勺子。

小贴士

1. 由于每次买到的水果甜度和酸度都不一样，所以要事先品尝水果的味道，再调节糖和柠檬的用量。

2. 手工做的果酱因为不含防腐剂，所以要放冰箱冷藏，开盖后尽快食用完。

1. 先将菠萝去皮切小块，加糖、肉桂、八角和香叶，搅拌均匀后覆保鲜膜放进冰箱冷藏 4~12 小时，取一部分菠萝块用料理机打成泥状。

2. 将腌制好的菠萝块和菠萝泥一起倒入锅中，大火煮沸后转中火，熬制过程中需不断搅拌并撇去浮沫。

3. 熬煮至果酱黏稠的时候（大概 30~40 分钟）挑出香料，然后挤入柠檬汁，再煮 5 分钟左右即可关火。

4. 趁热将果酱装入消毒好的密封罐中，盖紧盖子并倒置，冷却后放冰箱保存。

菠萝果酱 6/6

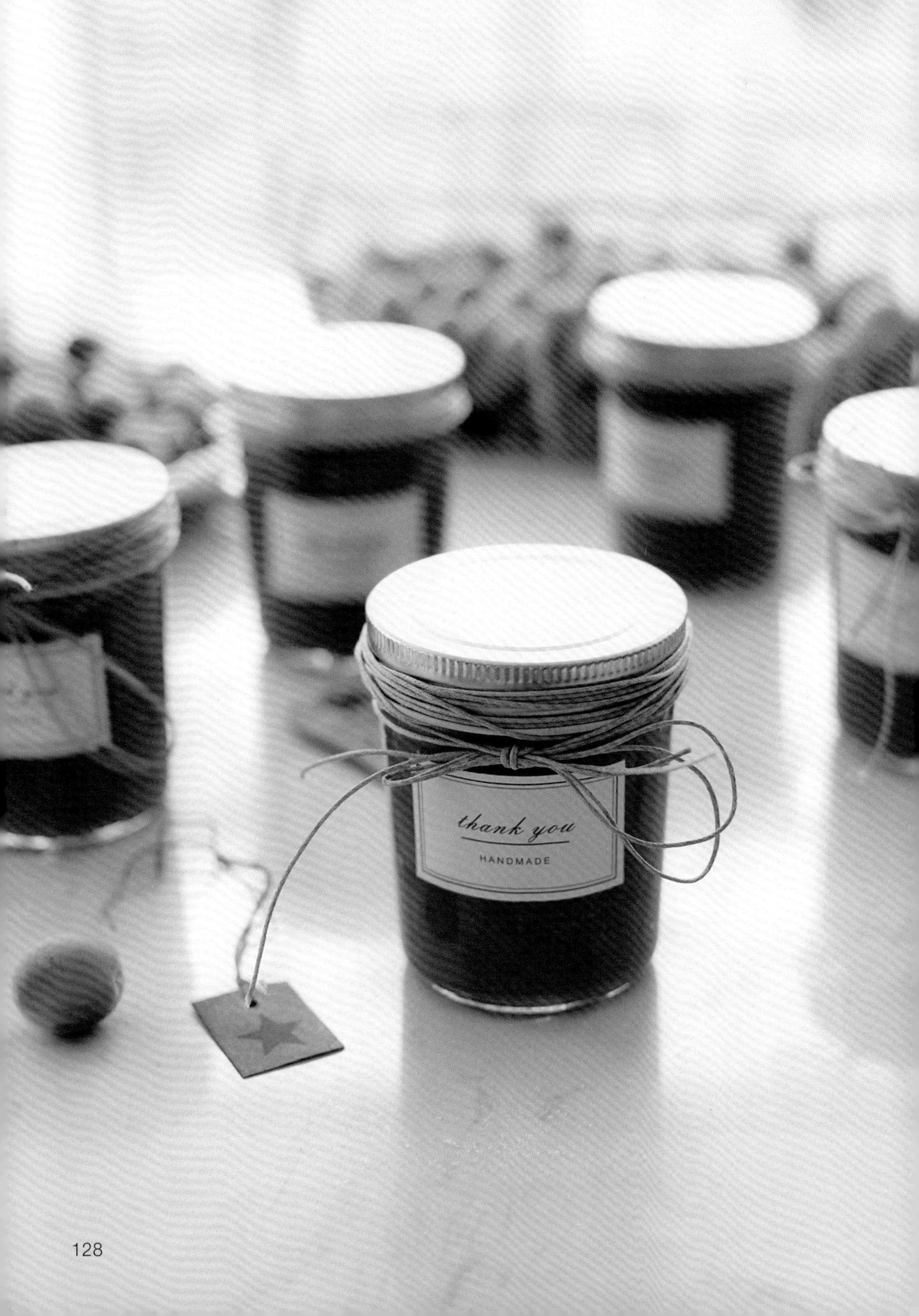
thank you
HANDMADE

梅子酱

梅子酱可以涂在吐司、烤肉上吃，也可以做梅子酱排骨，还可以加气泡水泡着喝。

材料准备

梅子 2kg、冰糖 0.5~0.6kg、盐、淀粉、柠檬汁少许。

制作过程

1. 梅子放入盐清洗后，再加入淀粉，不停地搅拌搓洗直至洗净，后用盐水浸泡一夜去苦涩。
2. 清洗干净的梅子放入锅内，水没过梅子就好，先大火烧开，转至小火煮 10 分钟左右至梅子皮破，而后捞出。
3. 去梅核、去皮（可不去）。
4. 把果肉加入锅内开小火，不停地翻滚，之后加冰糖，不停地搅拌，不时尝味，觉得合自己口味就行了，最后加入柠檬汁继续小火煮几分钟。
5. 出锅装入消毒干净的器皿里，晾凉后密封入冰箱即可。

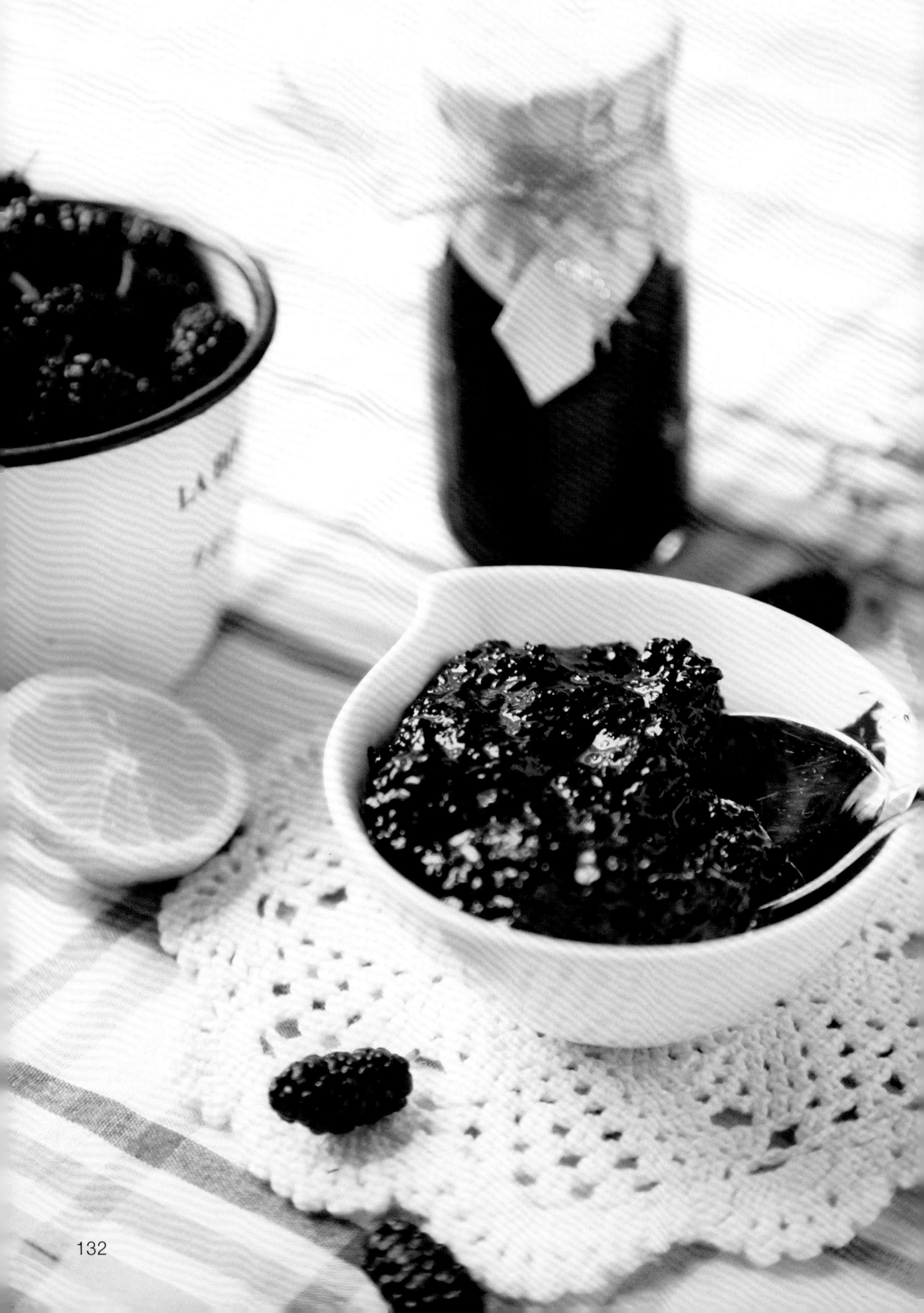

桑椹果酱

桑葚（桑椹），桑科植物桑树的成熟果穗，每年 4 ~ 6 月成熟。成熟的桑葚一般呈深紫色，紫到发黑，入口质感绵软油润，味甜汁多，是人们喜爱的初夏水果之一，有利尿、消暑的作用。一般直接鲜果食用，也可以晒干或做果酱等，或者用来泡酒。具体成熟时间各地不一样，北方比南方晚熟一些。桑椹性味甘寒，具有补肝益肾、生津润燥、乌发明目等功效。

材料准备

新鲜桑椹 500g、白砂糖 300g、柠檬汁 1 大勺。

制作过程

1. 桑椹淡盐水稍加浸泡后冲洗，洗净后，去蒂，沥干水分。
2. 加入砂糖，腌制 2~3 小时至出水，稍加搅拌，使砂糖和果实充分混合。
3. 将果肉和汁水一起倒入锅中，大火煮沸后加入柠檬汁，同时不停搅拌果肉，继续煮约 30 分钟至黏稠即可。
4. 将熬好的果酱趁热放入事先洗好消毒过的玻璃瓶中密封，晾凉后放入冰箱冷藏。建议密封瓶倒扣在冰箱放置一夜，可去除瓶中残留空气，延长保质期。建议在 1 个月之内食完。

蓝莓果酱

蓝莓起源于北美，多年生灌木小浆果果树。蓝莓果实的营养价值极高，含有大量的花青素，且还含有极为丰富的黄酮类和多糖类化合物，因此又被称为"浆果之王"。

蓝莓分为野生蓝莓和人工培育蓝莓，人工培育蓝莓果实比较大，果肉饱满，改善了野生蓝莓的食用口感，更近一步增强了人体对花青素的吸收。

蓝莓除了新鲜食用，制作成蓝莓酱也非常美味。

材料准备

10 份新鲜蓝莓、1/4 份新鲜柠檬汁、1 份半白糖。

制作过程

1. 把蓝莓洗干净，沥干水。
2. 将 1 份白糖和蓝莓混合在一起，用木勺压碎成糊，静置 2~3 小时，让糖和蓝莓的味道充分融合。
3. 找 1 个锅，放入剁碎的蓝莓、柠檬汁，小火烧滚，常搅拌不要糊锅。可看到果酱在里面翻滚，约 5~10 分钟，再加入剩下的白糖，小火烧 1~2 分钟，烧滚，撇去面上的一层泡沫，即可盛出来。
4. 密封容器事先用开水煮过消毒，再仔细擦干，将果酱装瓶，冷却后放入冰箱保存，1 个月以内食用完毕。

杏酱

　　杏酱绝对是果酱界的小清新：清新的味道、明亮的色泽，无论是鲜活还是熬煮的状态下，你都能体会到它的与众不同。在熬煮之前，有些人或许无法接受它的生涩味道，但是经过煎熬的过程，味道却变得逐渐柔润甘美。熬好的果酱用来做果酱吐司或果饮都很棒。

材料准备

杏肉 600g(去核)、白糖 300g。

制作过程

1. 将杏清洗干净，掰开果肉去核。
2. 用白糖腌制 2~3 小时，浸出果肉的汁水。
3. 将果肉和汁水一起倒入锅中，大火煮沸，小火继续煮约 15 分钟，汁水变多，盖上锅盖小火煮即可，汁水逐渐减少，需不时用木勺搅拌至黏稠，约 20 分钟至黏稠即可。
4. 熬好的果酱趁热倒入密封瓶中，倒扣在冰箱放置一夜，擦净瓶口外的果酱，放入冰箱冷藏，可保存 1 个月。

玫瑰酱

明代卢和在《食物本草》中说："玫瑰花食之芳香甘美，令人神爽"。玫瑰的花期短暂，做成玫瑰酱使人们过了花期仍然能享受其美味，用糖腌玫瑰花瓣更有利于保存，玫瑰酱便是这样独特的一种存在呢！

材料准备

大马士革玫瑰花瓣 500g、碎红糖 1000g、蜂蜜 250g。

小贴士

1. 花瓣选用大马士革玫瑰、平阴玫瑰，云南滇红玫瑰均可。

2. 揉花瓣的过程要无油、无水。

3. 花瓣不要揉太碎，让花瓣和糖充分融合即可，吃的时候还可以嚼花瓣。

4. 关于用糖，白砂糖，冰糖粉，红糖均可。关于糖量请不要低于花和糖1:2 的比例，糖量少了容易产生醇，像酒一样的味道，足够糖量能让玫瑰酱发酵成玫瑰酵素保存时间更长。另外，红糖性温和，能更大程度发挥玫瑰酱对女性生理期的呵护。

1. 花瓣去蒂，去花蕊整理好。

2. 花瓣和糖混合均匀腌制 30 分钟左右。

3. 30 分钟后，手捧一把玫瑰和糖用力揉搓，揉到花瓣的汁液浸出来和糖充分的混合。

4. 然后把玫瑰酱放入提前消毒的瓶子里。

5. 倒入蜂蜜把玫瑰酱腌制起来。

6. 成品，诱人！不过此时还有点涩味。玻璃密封罐装好放常温下发酵 3 个月即可，发酵后的香味和颜色都会融合得更好。开盖后最好冷藏，随取随用！

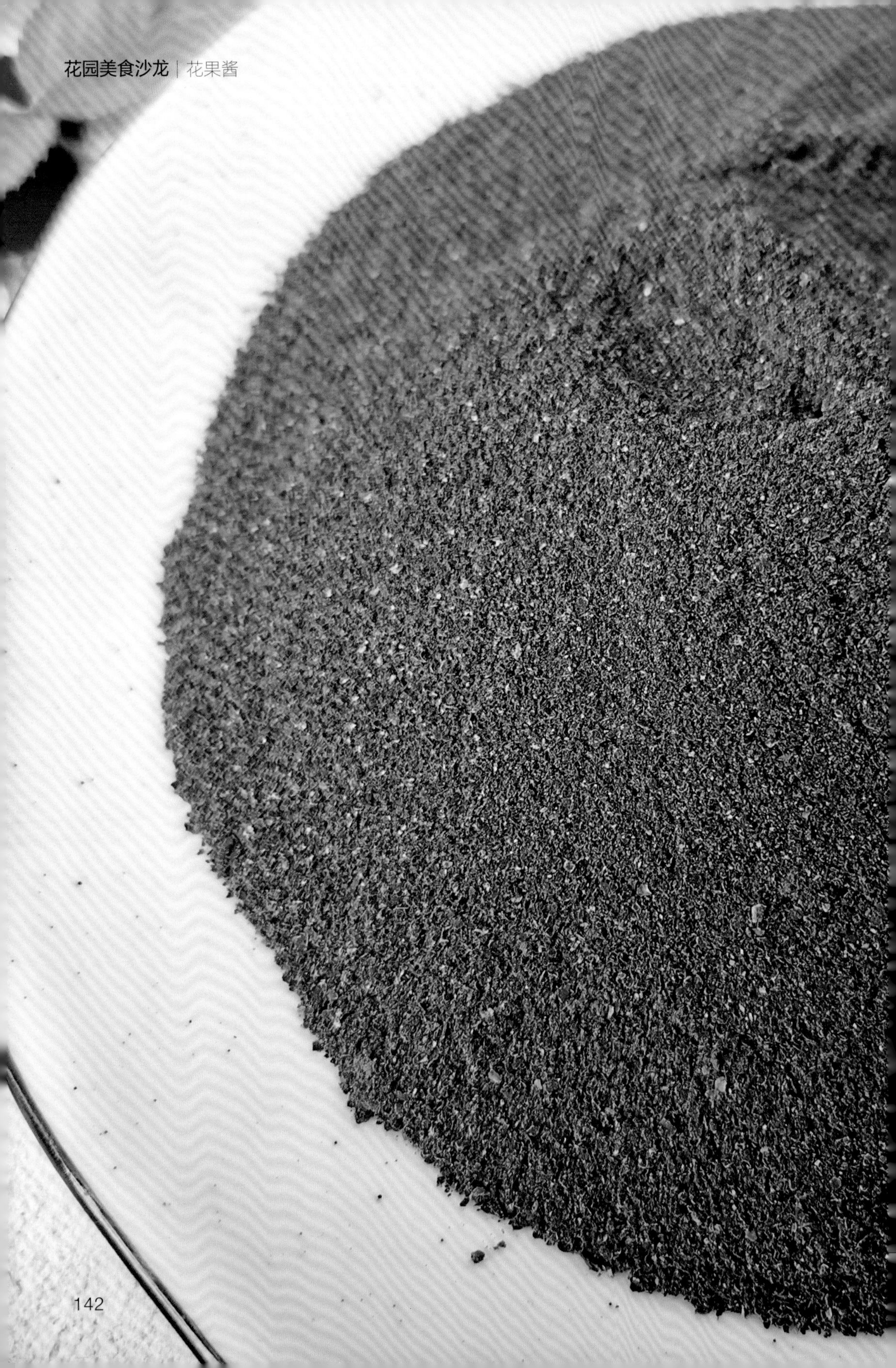

派对闪亮指数：☆☆
操作难易指数：☆☆

玫瑰色粉

玫瑰含有大量花青素，而花青素是个不稳定的色素，易溶于水，在不同的环境下颜色也多变！为了那抹美丽的玫红色，色浓的墨红玫瑰很是适合做玫瑰色粉。

制作方法

1. 首先把玫瑰花的花蒂连着花蕊一起拔掉，只留下一片一片的花瓣。
2. 平铺在盘子上，微波炉高火 3 分钟，中途需要翻下面。
3. 将干燥的花瓣放入料理机打磨成粉。
4. 盛出来密封保存，色粉就做好了！

玫瑰色粉可以做点心，也可以调制面膜！

玫瑰小知识

平阴玫瑰：原产地山东平阴，花大形似牡丹，花瓣有真丝双绉的质感，香味浓郁，色泽艳丽，刺短而密集！是中国传统的食用、药用型玫瑰！

大马士革玫瑰：属古典庭院玫瑰，淡粉色轻薄的花瓣，迷人纯粹的玫瑰香，是世界公认的优质玫瑰品种。大马士革玫瑰精油更被认为是玫瑰精油的极品。

墨红玫瑰：墨红玫瑰品种起源于法国，花色深红带黑，自身色素含量高，有丝绒般的质感，花香浓郁纯正，花期为4~12月，花期长，花量多，属于杂交的香水月季！

滇红玫瑰：云南食用玫瑰的主要品种之一，云南特色产品玫瑰鲜花饼，多为滇红玫瑰。

欢迎光临花园时光系列书店